爱上数学 14

·圆形·

奇怪的外星人

〔韩〕申贞敏 / 著　〔韩〕李宗均 / 绘　刘娟 / 译

云南出版集团　晨光出版社

粗脚外星人脚印大，
占有的领地一定更多吧？

才不是呢，你看那里！
尖脚外星人正转着圈标
记领地呢。

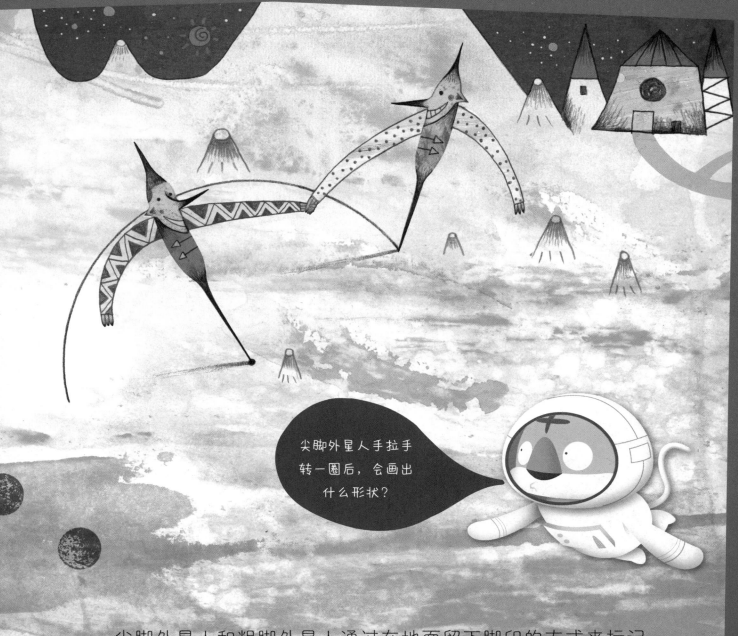

尖脚外星人和粗脚外星人通过在地面留下脚印的方式来标记自己的领地。

有一天，脚印小的尖脚外星人开始用一种新方法标记领地了。

到底是什么方法呢？

在距离地球非常非常遥远的宇宙另一边，有一颗
名字和形状都非常奇怪的星球，叫作"跳跳星球"。

跳跳星球的一端像针一样尖，这里生活着尖脚外星人。

而另一端就像一根又短又粗的木棒，这里生活着粗脚外星人。

为什么这颗星球叫作跳跳星球呢？

因为尖脚外星人只有一条尖细的腿，

而粗脚外星人只有一条短粗的腿！

他们都只能用一条腿蹦蹦跳跳地走路。

　　尖脚外星人走路时会发出"叩叩"的声音，而粗脚外星人走路时
会发出"哧哧"的声音。

　　跳跳星球每天都回响着"叩叩哧哧"、"哧哧叩叩"的脚步声。

由于生活在跳跳星球的外星人越来越多，跳跳星球变得越来越拥挤。于是，尖脚外星人和粗脚外星人决定去寻找新的星球，开拓新的领土。

"走吧，我们去寻找新家园！"尖脚外星人登上尖尖的宇宙飞船，向宇宙深处飞去。

"我们也出发吧！"粗脚外星人驾驶着短粗的宇宙飞船，也"嗖"地飞走了。

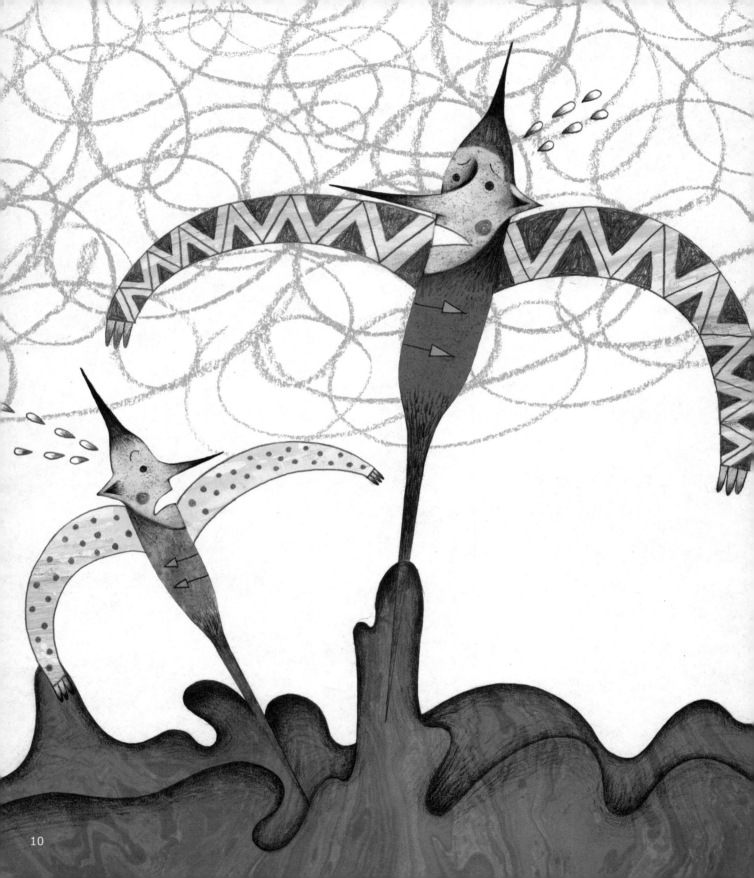

　　不知过了多久，尖脚外星人终于发现了一颗让他们十分满意的星球，"哇，这颗星球可真大呀，足够我们生活了！"

　　美中不足的是，这颗星球上泥泞不堪，他们的尖脚总是会陷进泥里。

　　粗脚外星人也发现了一颗非常耀眼的星球，"呀，我还是第一次见到这么漂亮的星球呢！"

　　但那颗星球散发着非常灼热的气体，粗脚外星人甚至都没能靠近，就匆匆离开了。

　　到底要不要再去寻找其他星球呢？尖脚外星人和
粗脚外星人都拿不定主意。

　　"你们看，下面有一颗蓝色的星球——地球！"
这时，尖脚外星人意外地发现了地球。

　　与此同时，粗脚外星人也看到了地球。

"我好喜欢那颗星球呀！"

"我们快去占领那颗星球吧！"

说着，两队外星人像离弦的箭一样，驾驶宇宙
飞船向地球飞去。眨眼间，他们就降落到了地球上。

地球比跳跳星球宽广多了。

"这里也太辽阔了吧！快点标记成我们的领地吧！"说着，先一步到达地球的粗脚外星人，快速在地上印上了他们圆形的脚印。

后一步赶来的尖脚外星人也不甘示弱，争分夺秒地在地上印起脚印来。但是，尖脚外星人的脚像锥子一样尖，比粗脚外星人的脚印小得多，标记的领地远远不如粗脚外星人的大。

得意扬扬的粗脚外星人一刻不停地扩张着领土。尖脚外星人的眉头却皱得越来越紧。

"这可怎么办？如果我们的脚印也能像粗脚外星人的那么大就好了……"愁眉不展的尖脚外星人忽然灵机一动，伸出手对同伴说："我把脚稳稳地插进地里，你牵着我的手转一圈试试看。"

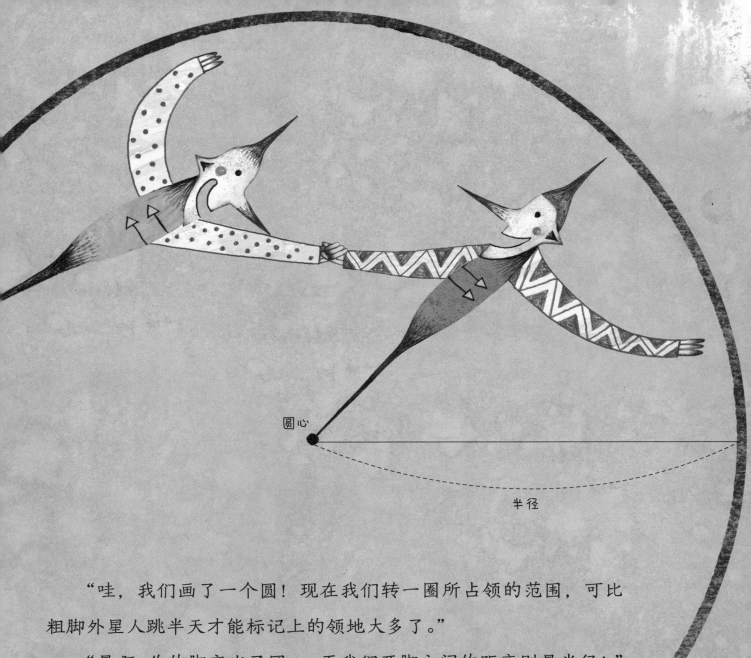

圆心

半径

　　"哇，我们画了一个圆！现在我们转一圈所占领的范围，可比粗脚外星人跳半天才能标记上的领地大多了。"

　　"是啊，你的脚充当了圆心，而我们两脚之间的距离则是半径！"

　　"现在这一大片都是我们的领土，这个方法太好了！"

　　画完圆圈的尖脚外星人高兴地讨论着。

粗脚外星人并没有坐以待毙，"什么？画一个圆就能占领更大的领土？"

粗脚外星人马上想到了应对的办法，他们沿着尖脚外星人画的圆"哧哧"地踩上自已的脚印。

就这样，尖脚外星人辛辛苦苦画好的圆都被粗脚外星人覆盖了。

"嘿嘿，这些土地全是我们的啦！"这一次轮到粗脚外星人兴奋地大叫了。

"这可怎么办呀？"惊慌失措的尖脚外星人移到别处，重新画起圆来。

没想到，粗脚外星人穷追不舍，一次次在尖脚外星人画的圆上印上自己的脚印。

1，2，3，4，5！

虽然尖脚外星人一口气画了5个圆，但尖脚外星人在前面画圆，粗脚外星人就会紧接着在后面覆盖。

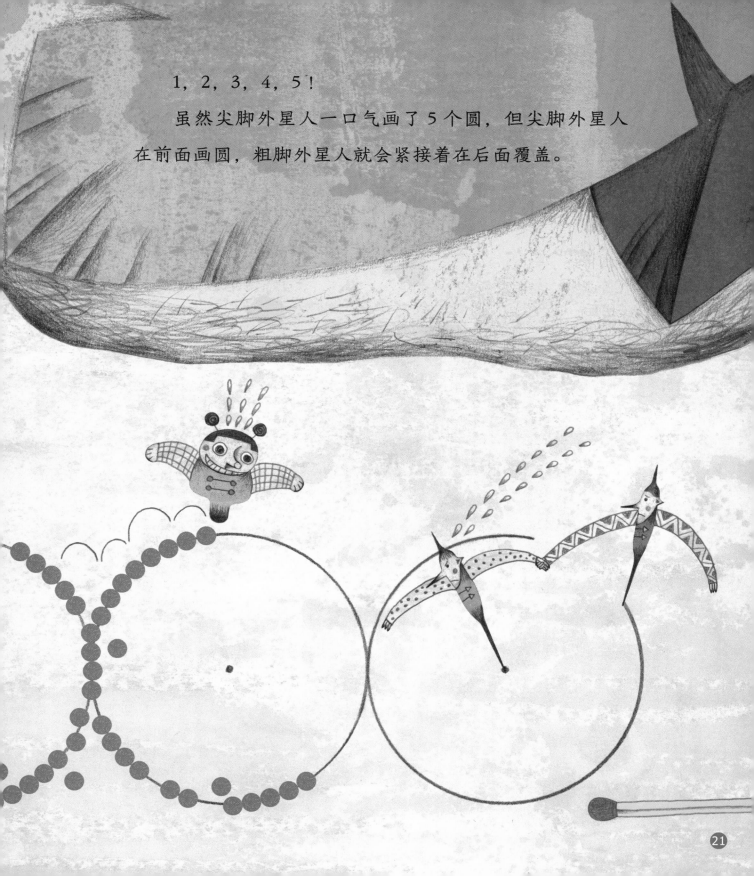

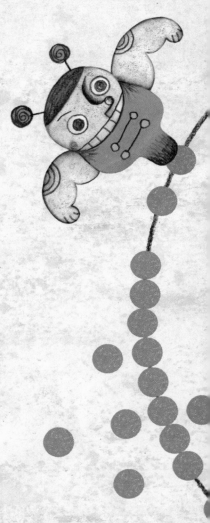

"气死我了，可恶的粗脚外星人！"

"有没有什么办法可以把圆画得更大一些呢？
这样他们就没那么快追上我们了。"

一直苦思冥想的尖脚外星人一抬头，看到了一根
长长的棍子。

他眼前一亮，想到了一个好办法。

"我站在圆心处抓住棍子的一端，你站在远处抓住
棍子的另一端，半径变大了，就可以画出更大的圆。"

"没问题！"

就这样，尖脚外星人画好了一个比之前更大的圆。

"难道他们以为这样做我们就会被打败吗？"粗脚
外星人比之前更卖力地盖住了尖脚外星人画的圆。

"这样下去不是办法，我们一定要画出更大的圆。"

尖脚外星人仔细观察周围，发现了一根黄色的橡皮筋。

两个尖脚外星人分别抓住橡皮筋的两端，使劲儿拉长，让半径不断扩大，画出了一个又一个更大的圆。

尖脚外星人的领地变得越来越辽阔。

"天啊，太累了！"虽然粗脚外星人累得气喘吁吁，却依然坚持着一次又一次擦掉尖脚外星人画的圆。现在很难分辨出这些土地到底属于谁。

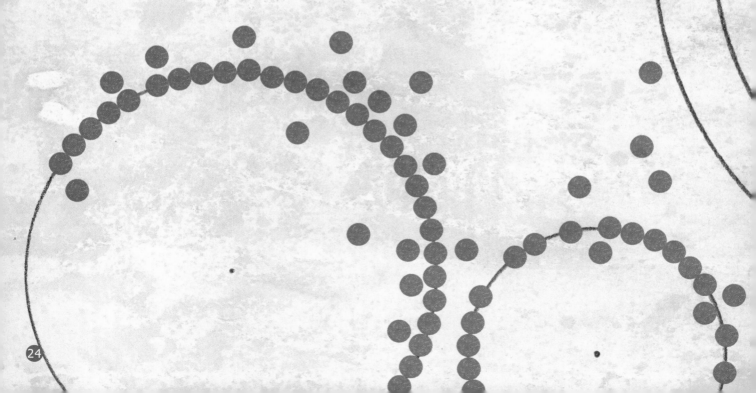

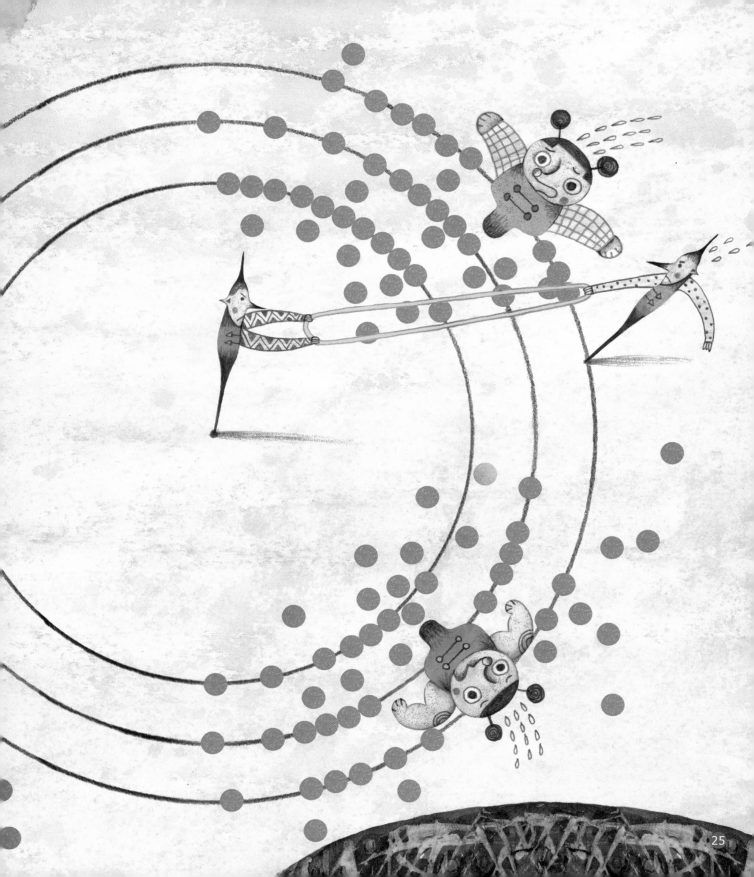

"我实在忍无可忍了！"尖脚外星人气得眉毛都要竖起来了，"你们为什么要一直覆盖我们画的圆？如果你们想占领土地，直接去别的地方标记不就可以了吗？"

粗脚外星人提高了嗓门争论道："是我们先来到这里的，你们怎么不去别的地方呢？我们的脚本来就比你们的大，理所应当要占领更宽阔的土地！"

就这样，尖脚外星人和粗脚外星人互不相让，你一言我一语地吵了起来。

突然，不知道从哪里传来"哐哐哐"的巨大响声，天空也变得阴暗起来，外星人的身体被一个巨大的身影遮住了。

"天啊，怪物来了！这个怪物怎么长得这么高大，还凹凸不平的。"

"我们快逃吧，不然就要被踩死了！"

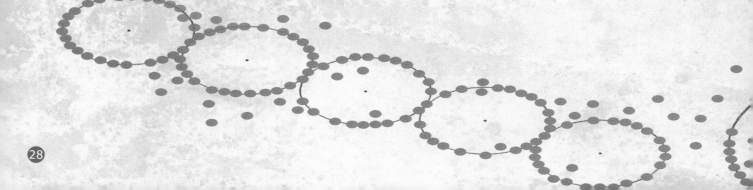

尖脚外星人和粗脚外星人连滚带爬地登上了各自的宇宙飞船，一溜烟儿地飞走了。

　　他们边逃边喊着：

　　"快点儿，快点儿，怪物要追上来了，我们赶紧离开这里！"

　　"快跑啊！从没见过这么可怕的怪物！"

　　外星人受到了惊吓，宇宙飞船也开得七扭八歪，一直在天上打着转儿。

　　从地球上看去，就像是天空中绽放的一朵朵烟花。

让我们跟尖脚外星人一起回顾一下前面的故事吧！

大家是不是很好奇，为什么我们为了占领更多的领地，要不停地画越来越大的圆呢？因为我们没有粗脚外星人那么大的脚印，所以只能两个小伙伴手牵手转一圈画一个圆，以此来标记土地。其中一个人用脚踩着的地方可以当作圆心，两个人脚之间的距离可以当作半径。我们借助木棍和橡皮筋，画出了半径更大的圆。

那么，接下来我们就来深入了解下圆这种图形吧。

数学面对面

认识圆形

在我们周围，有很多像硬币、车轮一样圆圆的物品。在下面的乡村风景图中也有很多圆圆的形状。

成为圆的条件是什么呢？虽然豌豆和橄榄球看上去都是圆圆的，但它们却不是圆形。

圆规是可以准确画出圆的工具，我们先用圆规画一个圆，再来研究一下成为圆需要符合哪些条件。

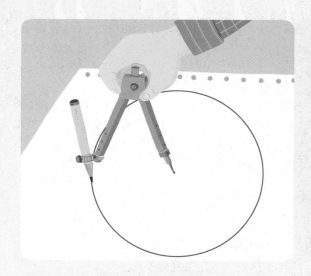

在上图使用圆规画出的图形中，从一个定点出发，与这个定点距离相同的所有点的集合就叫作圆。

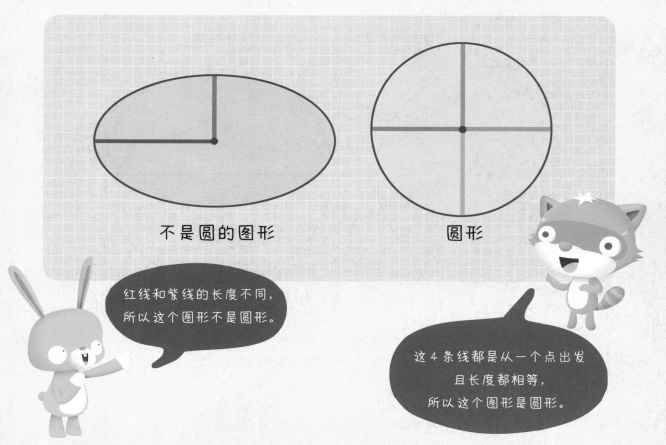

不是圆的图形

圆形

红线和紫线的长度不同，所以这个图形不是圆形。

这4条线都是从一个点出发且长度都相等，所以这个图形是圆形。

我们来仔细研究一下圆的组成。圆内有圆心、半径和直径。

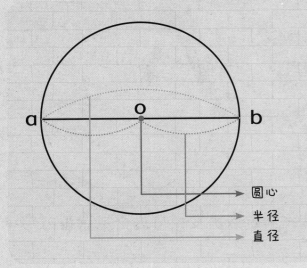

左图中：

o 点叫作"**圆心**"；

圆心 o 与圆上任意一点相连的线段叫作圆的"**半径**"；

线段 ao 与线段 ob 都是圆的半径；

像线段 ab 一样，穿过圆心的最长线段为圆的"**直径**"。

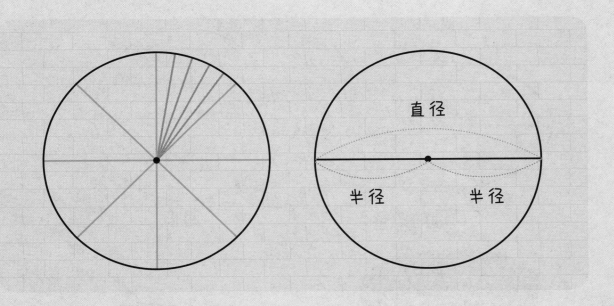

一个圆中有无数条直径和半径，并且同一个圆的直径长度全都相等，半径长度也全都相等。同时，直径的长度是半径的 2 倍。

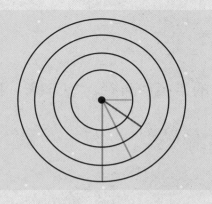

圆可以拼出很多图形。比如以圆心为定点，将半径慢慢扩大，可以画出多个越来越大的圆。

看起来就像是树木的年轮一样吧？

接下来，我们向右移动圆心，每次都移动和半径相同的长度，看看会形成什么样的图形。

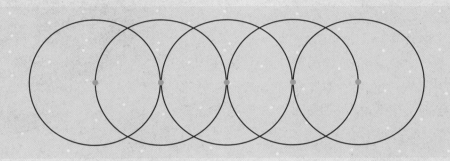

好奇心一刻

为什么汽车的轮子是圆形的？

不论是汽车还是自行车，它们的轮子都是圆形的，这是为什么呢？在轮子转动的瞬间，与地面接触的部分可以看作是圆上的一个点，而在同一个圆中，所有半径长度都相等。这样一来，车轮转动时，车轮的中心点与地面接触点之间的距离是永远相等的。所以圆形的车轮可以平稳、流畅地转动，不会磕磕绊绊。

生活中的圆形

前面我们学习了圆的基本概念，认识了圆的半径和直径。接下来，我们就来了解一下圆在生活中的广泛应用吧。

历史

古代钱币中的圆形

古代人通常在圆形铜钱的中间位置穿一个方形的孔，同时在铜钱正面、孔的上下左右位置分别刻上文字，代表年号或者价值。这枚小小的铜钱中也注入了古人的智慧。圆形的铜钱象征着天，而方形的孔则象征着地，这与古人"天圆地方"的理念很好地融合在了一起。

▲古代钱币

体育

奥运五环旗

奥林匹克运动会每 4 年举办一次，是全世界范围内的国际运动竞技大赛，而奥运五环旗则是其象征旗帜。奥运五环由白色背景下的蓝色、黑色、红色、黄色、绿色的圆重叠在一起组成。这些圆形象征着欧洲、非洲、美洲、亚洲、大洋洲的和平与团结。

年轮中的圆形

年轮出现在树木的主干或枝桠的横切面上，是一种圆形纹路，与圆心相同、半径逐渐变大的同心圆非常相似。随着季节的变化，树木的生长速度不一，年轮的形状也不一样。春夏时节，树木生长速度快，长出的年轮颜色会比较浅，且纹路宽阔稀疏。而秋冬时节，树木生长速度放缓，长出的年轮颜色会相对较深，且纹路比较密集，这些纹路就是年轮。

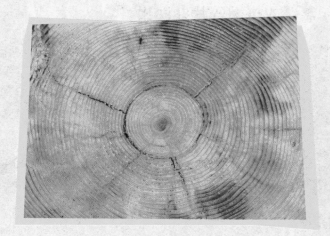

文化

蒙古包

如果去大草原，我们能看到不少白色的蒙古包。蒙古包是蒙古族牧民居住的房子，古人称其为"穹庐"。从上往下看，蒙古包呈圆形，外边覆盖着白色的羊毛毡。

为什么蒙古包要建成圆形的呢？这是因为与其他结构相比，圆形利用面积是最大的。而且因为草原上风大，圆形的结构能减少风力对蒙古包的直接作用。狂风不论是从哪个方向吹过来，都能顺畅地沿着蒙古包两侧通过。

拼图碎片

尖脚外星人正在收集各种形状的拼图。仔细观察，找出拼成中间的图案所需要的拼图碎片并圈出来。

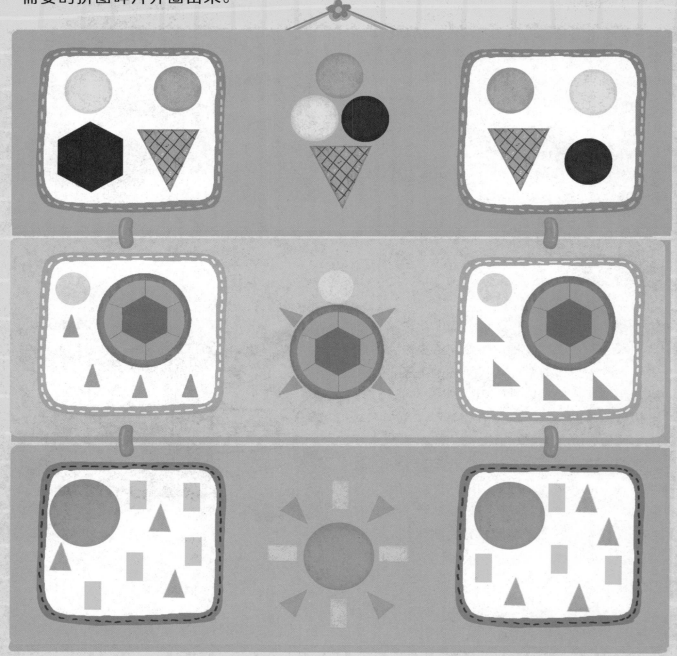

制作葡萄串

粗脚外星人最喜欢的水果就是葡萄。把下图中的长条纸沿黑色实线剪下来，参考背面的制作方法，试着做一串葡萄粒大小不同的葡萄串吧。

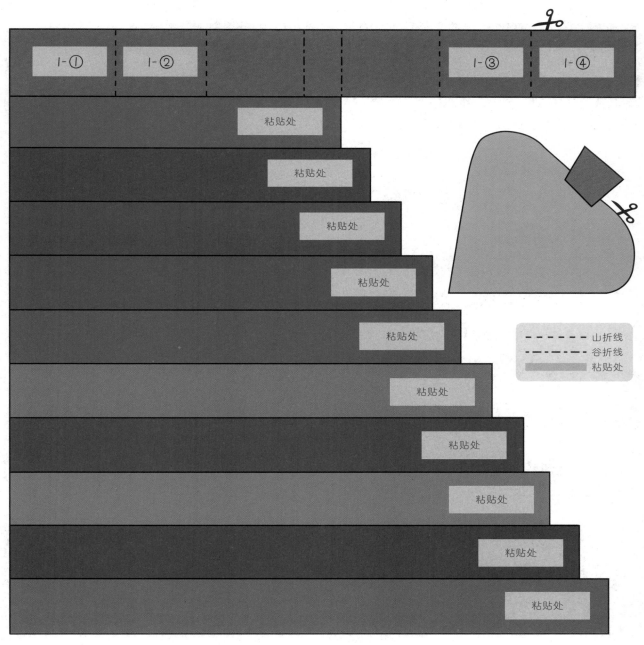

I-① I-② I-③ I-④

粘贴处

---- 山折线
-·-·- 谷折线
▬▬ 粘贴处

制作方法

1. 沿黑色实线剪下绿色的纸条，沿着折叠线进行折叠，并用胶水把 1- ②和 1- ③粘起来，做成葡萄梗。
2. 沿黑色实线剪下所有紫色的纸条，用胶水粘起来，做成大小不同的葡萄，不用把圆形做得太规整。
3. 把制作好的葡萄用胶水粘起来，做成想要的葡萄串，并在 1- ①和 1- ④处涂上胶水，把葡萄串粘到葡萄梗上。
4. 把叶子剪下来粘在葡萄串的顶端，一串漂亮的葡萄就做好啦。

寻找图案

粗脚外星人把圆分成 4 等份，拼成了各种图案。请仔细观察下图，
找到用这 4 块拼图可以拼成的图案并圈出来。

把圆分成
大小相同的 4 块。

趣味小游戏4 画蜗牛

尖脚外星人正在画一只他们在地球上看到的蜗牛。请仔细阅读绘画方法，用直径不同的圆画出一只可爱的蜗牛吧。

绘画方法
①将最下方的蓝色长方形沿黑色实线裁剪下来。
②将下图蜗牛中间的红点和长方形最左侧的红点重合在一起，用铅笔的笔尖摁住。
③将另外一支铅笔的笔尖插破长方形的①号圆点中，旋转纸条，画出一个圆。
④将铅笔尖分别插入②号和③号圆点，用相同的方法画出更大的圆。

①
②
③

直径和半径

粗脚外星人正在向尖脚外星人讲解圆形的特征。请仔细阅读文字，找出尖脚外星人理解正确的内容，并圈出来。

经过圆心的红色线段叫作圆的直径。圆心和圆上任意一点之间的绿色线段叫作圆的半径。

圆的半径

圆心

图中的绿色线都是圆的直径。

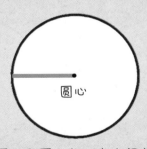

圆心

圆心和圆上的一点之间的绿色线段是圆的半径。

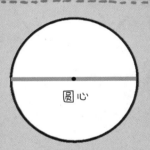

圆心

经过圆心的绿色线段是圆的半径。

判断对错

　　尖脚外星人和粗脚外星人正根据要求在圆上画线，下面四幅图是他们的作业。请你先仔细阅读下面的要求，然后判断他们的回答是否正确。全部正确的在 ☐ 打"√"，有一个错误的就打"×"。

> 1. 在左边的圆中，用红线连接圆心和圆上的任意一点。
> 2. 在右边的圆中，用绿线画出经过圆心的两条直径。

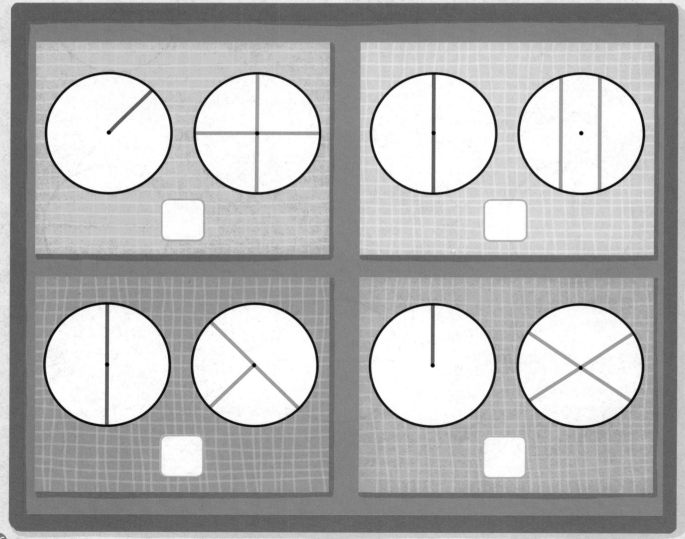

制作珠宝盒子

小粉准备把 3 颗一样大的珠子当作礼物送给朋友，她想制作一个漂亮的盒子来装珠子。观察下图，在 ☐ 中填入正确的数字，再用阿虎的口吻把最下面的说明文补充完整吧。

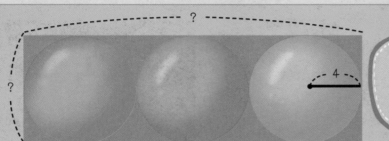

? ———— 4

> 盒子的长度最少要几厘米才能把 3 颗珠子都放进去呢？

· 如果 I 颗珠子的半径是 4cm，那么 I 颗珠子的直径就是 ☐ cm。

· 一共有 3 颗珠子，所以当盒子的长度是 ☐ cm 时，正好能把珠子放进去。

· 盒子的宽度和珠子的直径相同，所以宽是 ☐ cm 就可以放进珠子了。

> 用上面的方法来算一算盒子的长和宽吧！

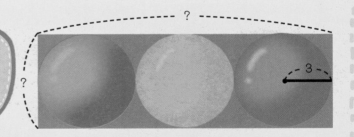

? ———— 3

· 如果 I 颗珠子的半径是 3cm，

· 一共有 3 颗珠子，

· 盒子的宽度是珠子

参考答案

哇，使用不同的形状能拼出这么漂亮的图案呢！

40~41 页

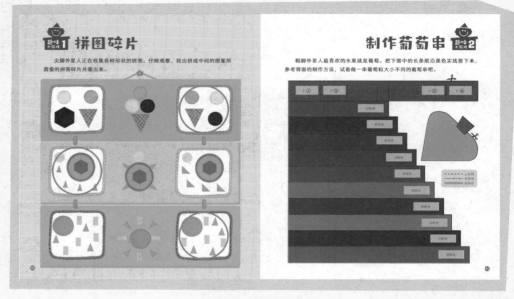

趣味小游戏1 拼图碎片

尖脚外星人正在收集各种形状的拼图。仔细观察，找出拼成中间的图案所需要的拼图碎片并圈出来。

趣味小游戏2 制作葡萄串

粗脚外星人最喜欢的水果就是葡萄。把下图中的长条纸沿黑色实线剪下来，参考背面的制作方法，试着做一串葡萄粒大小不同的葡萄串吧。

42~43 页

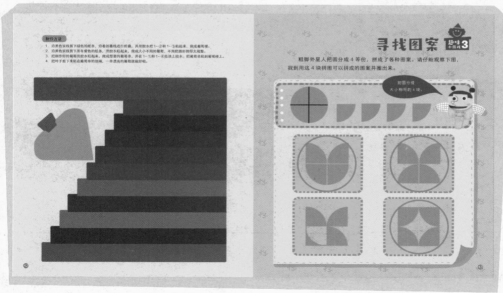

制作方法

1. 沿黑色实线剪下绿色的纸条，将卷着卷纸进行折叠，并用胶水把1～②和1～③粘起来，做成葡萄梗。
2. 沿黄色实线剪下所有有数的纸条，用胶水粘起来，做成大小不同的葡萄，不用把圈彻底剪得太规整。
3. 把制作好的葡萄用胶水粘起来，做成想要的葡萄串，并在1～①和1～②涂上胶水，把葡萄串粘到葡萄梗上。
4. 把叶子剪下来粘在葡萄串的顶端，一串漂亮的葡萄就做好了。

趣味小游戏3 寻找图案

粗脚外星人把圆分成4等份，拼成了各种图案。请仔细观察下图，找到用这4块拼图可以拼成的图案并圈出来。

把圆分成大小相同的4块。